라비 드 파리

라비 드 파리 La vie de Paris

지은이 김진석
펴낸이 김민기
펴낸곳 큐리어스

초판 1쇄 발행 2015년 7월 20일
초판 2쇄 발행 2015년 7월 25일

출판신고 1992년 4월 3일 제311-2002-2호
121-893 서울특별시 마포구 양화로 8길 24
Tel (02)330-5500 Fax (02)330-5555

ISBN 979-11-5752-474-7 03980

가격은 뒤표지에 있습니다.
잘못 만들어진 책은 구입처에서 바꾸어 드립니다.

www.qrious.co.kr
큐리어스는 (주)넥서스의 브랜드입니다.

'파리의 인생'
그 온도를 찍다

라비 드 파리

La vie de Paris

글·사진 김진석

Qrious

추천사

김진석의 눈을 통해 보는 파리, 파리지앵

그가 전화를 했다. 지방에서 취재를 하는 중이었다.
"저 파리 좀 다녀오려고요."
"파리? 아! 먼저 말했던 그 프로젝트구나. 그래, 잘 다녀와."
그가 전화기 저쪽에서 소리 없이 웃었다. 우리의 인사는 이렇게 군더더기가 없다. 사진작가 김진석과 여행작가인 나. 소위 '선수'끼리는 그 정도 대화면 일정과 동선까지 그려볼 수 있다.
그를 다시 만난 건 두 달도 더 지난 뒤였다. 제법 긴 공백이었다. 고된 일정을 소화하고 돌아온 뒤였지만 김진석 특유의 선한 미소, 너털웃음에는 조금의 흠집도 없었다. 얼굴 한 번 보인 뒤 그는 다시 두문불출이었다. 책을 준비한다는 것은 알았지만 좀 길다 싶을 정도의 은둔이었다. 아니다. 그의 치열한 프로정신을 감안하면 그 정도는 아무것도 아니었다.
그가 또 느닷없이 전화를 했다.
"책에 추천사 좀 써주세요."
"그래? 사진 보내봐."
두말없는 수락이었다. 지금까지 누구의 추천사도 써준 적이 없던 나로서는 특별한 일이었다. 김진석 작가의 〈라비 드 파리 La vie de Paris〉라면 고민할 필요가 없을 것 같았다. 책이 나오기 전에 사진을 보고 싶다는 욕심도 있었다.

역시 그의 사진은 나를 실망시키지 않았다. 아니, 사진을 보는 내내 가슴이 쿵쾅거렸다. 그의 눈과 뷰파인더가 오려낸 파리의 모든 것이 고스란히 내 안으로 들어왔다. 그는 파리의 1~20구를 바느질하듯 촘촘하게 누볐다고 했다.

김진석 작가의 사진에는 감동이 있다. 이야기가 들어있는 사진들은 그 어느 소설보다도 가슴을 적신다. 파사주에서 만난 일가족이나 공원에서 마주친 아기들을 보면 어느덧 행복해지는 나를 발견한다.

김진석 작가의 시선은 선하다. 왜 찍는지 분명한 철학이 있다. 거리의 악사들을 바라보는 눈, 어느 노동자와 만나는 시선에서 삶에 대한 통찰과 인간에 대한 사랑을 확인할 수 있다. 그리고 그의 사진에는 해학이 있다. 튈르리 공원의 부부, 골목에서 만난 강아지의 표정을 보면 저절로 입가에 미소가 걸린다.

고행에 나선 수도승의 자세로 사진을 찍는 김진석, 오로지 길에서 깨달음을 얻고자 하는 김진석. 그의 눈을 통해 오늘의 파리를 본다. 파리지앵의 희로애락을 본다. 감동을 본다.

_이호준 (여행작가 · 시인)

매일 아침 파리 지도를 펼쳐놓고
오늘은 어디서부터 어떻게 걸을지 결정했다.
방법은 간단하다. 먼저 지도에 출발점과 끝점을 그린다.
그리고 골목을 따라 선을 긋는다.
이때 기준은 최대한 많이 걸을 수 있는 동선을 짜는 것이다.
이제 남은 일은 선을 그은 대로 걷는 것뿐이다.

파리 시는 달팽이 모양이다.
1구부터 20구까지 나선형으로 행정구역이 나뉘는데
숫자대로 구를 연결하면 빙글빙글 돌아가는 달팽이 집처럼 보인다.

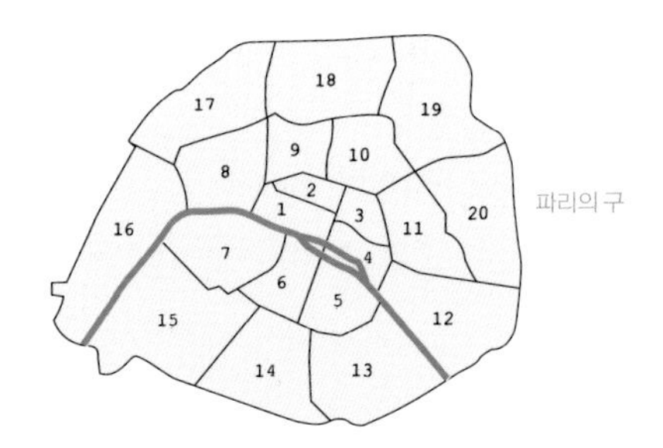

파리의 구

19세기 오스만 남작의 도시계획에 따라
파리의 현재 모습이 구축되었다거나
상징적인 건물들이 지어졌다거나 하는 이야기를 하려는 것은 아니다.
그러한 것은 수많은 책과 인터넷 정보들이 더 잘 설명해줄 테니까.

파리의 구석구석을 1,000킬로미터쯤 걸었다.
하루 20~30킬로미터, 1구부터 20구까지 2바퀴,
두 달이 걸렸다.
그 사이 10만여 컷의 사진을 찍었다.

파리의 골목골목을 걸으며 함께한 사람들, 건물들, 동물들…
매일 낯선 길과 낯선 사람들을 만나며 그들의 삶을 들여다보는 것은
마치 추리소설을 읽는 것처럼 호기심과 팽팽한 긴장감을 불러일으켰다.

단지 에펠탑과 개선문을 본다고
루브르와 오르세의 명작을 본다고
파리를 이해할 수 있는 것은 아니다.

파리의 무수히 많은 길과 사람들,
거리에 켜켜이 쌓여 있는 시간들.

그것이 파리다.

이 책으로 파리를 보는 방법

1

1구부터 20구까지 책을 따라 걷고 싶다면 페이지 순으로 본다. 1~2구, 3~4구처럼 2구씩 파트가 묶여 있다. 마음에 간직했던 파리의 장소가 있다면 그 지역부터 보는 방법도 있다. 파트가 시작될 때 각 구의 특징과 랜드마크가 정리되어 있으니 참고하도록.

2

사진을 볼 때는 한 컷당 5초 정도 머무르며 보기를 권한다. 사진 속 인물, 공간, 상황을 보며 파리에서의 삶을 떠올려보는 거다. 이런 과정 없이 책장을 훌훌 넘겨버리면 이 책은 그저 스쳐가는 풍경이 되고 만다. 산책을 하며 느긋하게 주위를 둘러보듯 파리의 어느 골목을 걷고 있다 생각하며 잠깐씩 머무르기를 권한다.

3

사진 속 파리를 걷다가 지금 내 위치가 궁금하다면 378페이지 인덱스를 활용하라. 사진을 찍은 곳과 간단한 설명을 정리해두었다.

CONTENTS

파리의 중심부. 1구에는 루브르 박물관과 팔레 루아얄, 튈르리 공원, 방돔 광장 등 유명 관광지가 모여 있어 늘 여행자들로 붐빈다. 반면 2구는 파리에서 가장 작은 구로 특별한 관광지는 없지만, 19세기부터 파리지앵의 쇼핑 공간으로 이어온 오래된 파사주들이 있다.

1/2

1구 샤틀레 역. 파리의 최대 환승역으로 늘 사람들로 복잡하고 공사 중인 구간도 많다. 게다가 쾨쾨한 냄새까지 지하철 곳곳에 스며들어 있어 여행자들에게는 최악의 역으로 불리기도 한다. 그곳에 동유럽에서 온 뮤지션들이 제법 큰 규모의 오케스트라를 꾸렸다. 첼로, 기타, 아코디언, 트럼펫 등 어울리지 않을 것 같은 조합이다. 여기에 바삐 움직이는 사람들의 발걸음이 더해진다. 비로소 완성된 거리의 오케스트라. 파리와의 첫 대면이었다.

파리의 건물과 건물 사이에는 유리 천장으로 덮인 통로가 있다. 이 길을 파사주passage라고 부른다. 19세기부터 만들어진 파사주에는 다양한 상점이 자리하고 있는데, 파리지앵의 쇼핑 구역이다. 파사주 입구에서 파리지앵 가족과 마주쳤다.

5€
les 2 livres
Prix du livre seul
indiqué
dans chaque volume
5€
les 2 livres
Prix du livre seul
indiqué
dans chaque volume
5€
les 2 livres
5€
les 2 livres
alimentation

두 사람은 부부입니다.

–튈르리 공원에서

Paris

골목을 돌아나오면 어김없이 공원이 나타난다. 몇 개나 있는지 세어보는 것이 무의미할 정도로 파리에는 공원이 많다. 공원은 파리 사람들이 사랑하는 공간, 어쩌면 그런 표현조차 필요 없는 삶의 일부인 공간이다. 정오를 앞둔 오전 시간, 두 남자가 공원에서 운동을 하고 있다.

Formule à 15€00
ou à 19€00 le midi
Les plats du jour:
Pavé de saumon à
l'unilatéral, légumes
CONSOMMATIONS
COURANTES
Ticket
Restaurant
Chèque
Déjeuner
sodexo

RELIGIEUSE
AU CAFE
2.80€

파사주를 걷다가 작은 문틈을 들여다보았다. 그녀는 무엇을 하는걸까? 두꺼운 돋보기안경을 걸치고, 핀셋을 들고, 손을 바쁘게 움직이는 그녀는 우표 수집상이다. 우리 돈 몇백 원부터 몇백만 원에 이르기까지 전 세계의 다양한 우표가 이 섬세한 손을 거치게 된다. 파리의 파사주나 시장에서는 이런 우표 수집상을 자주 볼 수 있다.

오페라 가르니에 길 건너편.
세계적인 건축물을 앞에 둔
세 사람의 모습이 제각각이다.

누군가에게는 일상,
누군가에게는 기록하고 싶은 여행,
누군가는 그저 무관심.

LANCEL

SOUVENIRS
DE PARIS
21
HANNIBAL
INTEGRALE SAISON
CANAL
PLAY
9983
MAN
DA-327-HN

CHAINE THERMALE DU SOLEIL
MAISON DU THERMALISME
OFFICE THERMAL ET TOURISTIQUE
CLIO

3구와 4구는 '마레Marais 지구'로 더 잘 알려져 있다. 역사보존 지역이어서 17~18세기에 지어진 고급 저택이 그대로 남아 있고 상점과 레스토랑, 갤러리 등이 밀집해 있다. 4구에는 유대인이 모여 사는 로지에르Rosiers 거리와 노트르담 대성당, 퐁피두 센터가 있다.

3/4

파리에서는 저 파란 표지판이 현재 내가 어디에 서 있는지 알려준다. 표지판 맨 위 3e Arr.는 '3 Arrondissement'를 줄인 것으로 '3구'를 의미한다. '거리'를 뜻하는 'RUE' 뒤에는 거리의 이름이 온다. 이렇게 구와 거리 이름을 알면 지도에서 자신의 위치를 쉽게 찾을 수 있다.

3e Arrt
RUE
DES COUTURES
SAINT-GERVAIS
LE

그는 사진작가다. 어느 담벼락을 빌려 인도와 티베트 등지에서 작업한 사진을 전시 중이다. 거리의 사진전을 연 그는 작품 설명은 물론이고 판매까지 직접 한다. 대부분의 사람이 관심을 두지 않고 스쳐 지나간다. 그럴 땐 조그만 간이 의자에 앉아 책을 읽으며 시간을 보낸다고 했다. 시간이 얼마나 지났을까. 사진에 관심을 보이는 이가 나타나자 그의 표정이 밝아졌다.

et d'occasion

sandr

SAPEURS POMPIERS
PARIS

우리는 서로에게 엄지를 치켜세웠다. 나는 그의 노동에, 그는 나의 사진 작업에 경의를 표한다. 처음 보는 사이지만 서로에게 응원을 보낼 수 있다는 것은 행운이다. 길을 통해 얻는 소중한 힘이다.

Amorino

Le Monde

COUR LOUIS-ÉTIENNE
FRAMBOISIER DE BEAUNAY

사진은 기록이고 역사다. 그리고 누군가의 추억이다. 버려진 사진들을 모아 판매하는 좌판을 만났다. 한 장씩 찬찬히 살펴보니 과거의 파리와 사람들을 만날 수 있다. 누군가에게는 소중했을 사진들이 지금은 한 장에 1유로인 기념품이 되어버렸다.

파리에서 건널목을 건널 때는 두 가지를 염두에 둬야 한다.

첫째, 신호는 무시한다.

둘째, 차를 피해 안전하게 건넌다.

프랑스의 인사법인 비주bisou. 서로 볼을 맞대고 인사를 한다. 나라마다 반가움을 표현하는 방법은 모두 다르지만, 그중에서도 비주는 가장 친근함을 느끼게 하는 인사법이 아닐까 싶다. 서로의 체온을 느끼는 것. 상대에 대한 배려이자 애정이다.

파리를 걷다 보면 건물 외벽을 활용한 전시를 자주 접하게 된다. 찾아오는 관람객은 없지만, 지나가는 수많은 관람객이 있는 전시. 파리의 감성을 엿볼 수 있는 작은 여유를 주는 공간이다.

그는 센 강 근처에 사는 일본인 화가다. 그는 아침 일찍 화구와 캔버스를 들고 센 강에 나온다고 했다. 그렇게 오랫동안 센 강 주변에서 그림을 그려왔단다. 지금 그리는 그림은 보름째 작업 중이다. 매일 조금씩 센 강을 배경으로 건물들이 완성되어간다.

5구와 6구는 교육기관 밀집 지역이다. 5구에는 팡테옹 드 파리, 아랍 문화원과 파리 식물원이 있고, 6구에는 파리지앵이 사랑하는 뤽상부르 정원과 연인들이 자물쇠를 걸고 영원한 사랑을 기원하는 '퐁데자르'가 있다.

5

6

소르본 대학의 점심시간. 학생들이 캠퍼스 곳곳에 앉아 샌드위치를 먹거나 여유롭게 햇볕을 쬐고 있다. 5구에는 소르본 대학을 비롯해 파리 6대학, 고등교육기관인 콜레주 드 프랑스 등이 모여 있다. 그중에서도 5구 서쪽과 6구에 걸친 대학가를 카르티에 라탱Quarter Latin, 즉 라틴 지역이라고 부른다. 중세시대부터 학문의 중심지였던 이곳에서 프랑스 혁명 전까지 학생과 교수들이 라틴어로 수업했다고 해서 유래한 이름이다. 이 구역에는 대학가답게 서점, 헌책방, 저렴한 음식점, 카페들이 모여 있다.

HOTEL
LEFT
BANK

파리의 베스트 드라이버

Escalier
mécanique

sephora.fr
SEPHORA

SAINT SEVERIN
RESTAURANT

AINT SEVERIN
CAFE
SAINT SEVERIN
SOCIALES

사랑하는 사람은 서로 닮아간다.

파리지앵의 햇빛 사랑은 대단하다. 비가 많이 내리는 파리의 날씨 때문인지 틈만 나면 해를 향해 자리를 잡는다. 휴일의 뤽상부르 공원에는 해바라기처럼 앉아 있는 사람들로 가득하다.

어디에서나 아빠로 사는 건 어렵다.

6구와 1구를 연결해주는 퐁데자르Le Pont des Arts, '예술의 다리'는 언제나 전 세계 연인들로 붐빈다. 영원한 사랑을 약속하며 다리에 자물쇠를 걸고 열쇠를 센 강에 던지기 위해서다. 그래서 '자물쇠 다리' 혹은 '사랑의 다리'라고도 불린다. 언제 시작되었는지 모르는 이 사랑의 약속은 파리를 방문하는 관광객들의 필수 코스이기도 했다. 하지만 이제는 이 다리의 자물쇠를 볼 수 없게 되었다. 얼마나 많은 사랑의 약속이 있었는지 그 무게를 감당하지 못해 다리가 붕괴할 위험에 처한 것이다. 현재는 자물쇠가 걸린 난간이 철거되었다고 한다.

영화 〈퐁네프의 연인〉을 비롯해 수많은 영화의 배경이 된 퐁네프 다리는 센 강에 있는 다리 중에서 가장 오래되었다. 퐁데자르 쪽에서 퐁네프가 아주 잘 보이는 덕에 자리를 잡고 퐁네프 다리를 그리는 화가들을 쉽게 볼 수 있다.

7구와 8구에는 프랑스의 정치, 행정기관이 모여 있다. 7구에는 파리의 상징 에펠탑과 오르세 미술관이, 8구에는 개선문과 프랑스 대통령의 관저인 엘리제 궁전, 콩코르드 광장, 샹젤리제 거리가 있다.

7
8

39
70
BUS
JCDecaux
Pull
19,99 €
H&M

누군가를 기억한다는 것은 인간이 가진 최고의 선물이다. 칠레의 살바도르 아옌데Salvador Allende 대통령을 기억하기 위한 광장의 표지판에 추모의 꽃이 매달려 있다. 아옌데 대통령은 1973년 9월 군부 쿠데타 세력에 저항하다 사망했다.

7e Arrt
PLACE
SALVADOR ALLENDE
1908 - 1973
PRÉSIDENT DE LA RÉPUBLIQUE DU CHILI
1970 - 1973

파리에서 어떤 사진을 꼭 찍고 싶냐고 묻는 이들에게 "에펠탑!"이라고 대답하곤 했다. 싱거운 대답 같지만 진심이었다. 에펠탑을 중심으로 한 관광지 파리가 아니라, 에펠탑이 있지만 일상적인 모습의 파리를 담고 싶었다. 에펠탑이 보이는 이 거리를 발견하고는 길 한가운데에 앉아 버텼다. 누군가 바게트 하나라도 들고 지나가겠지, 하면서. 30분쯤 지났을까. 허탕이다 싶어 자리를 털고 일어나려는데 노신사와 개 한 마리가 나타났다. 길 가장자리로 걷던 그는 카메라를 든 나를 보더니 방향을 틀어 가운데로 걸어왔다. 에펠탑과 파리지앵. 내가 원하던 바로 그 장면이었다. 마음속으로 '감사합니다!'를 몇 번이나 외쳤는지. 이 컷은 절대 요구하지 않은, 암묵적인 설정 사진이라고 할 수 있겠다.

AIR

RANCE

1889년부터 지금까지 수많은 연인들을 지켜봐온 에펠탑.

Norton

I love Paris in the spring time.

I love Paris in the fall.

I love Paris in the winter when it drizzles.

I love Paris in the summer when it sizzles.

I love Paris every moment.

나는 파리의 봄을 사랑해요.

나는 파리의 가을을 사랑해요.

가랑비가 내리는 겨울을, 이글거리는 여름을.

나는 파리의 모든 순간을 사랑해요.

- <I Love Paris> 중에서

I ♥ PARIS
I ♥ PARIS
I ♥ PARIS
I ♥ PARIS
I ♥ PARIS
I ♥ PARIS

TTS

Place
CHARLES DE GAULLE

점심시간이 지난 몽소 공원의 오후. 동유럽 출신 보모들이 아이들을 데리고 산책을 나온다. 호수 가에 아이들을 앉힌 보모들은 그들만의 이야기를 나누느라 바쁘다. 아이들도 바쁘기는 마찬가지다. 제법 진지한 표정들이다. 무슨 이야기를 나누는 걸까.

인물 사진을 찍다가 상대가 알아채면 당황하지 말고 씨익 웃으며 계속 찍어라. 자신이 찍히는 게 정말 싫다면 바로 표정에서 드러난다. 눈이 마주쳤는데도 표정을 유지한다면, 그건 암묵적 동의다. 이렇게 하면 밝은 표정의 사진을 찍을 수 있다. 여기에 더해 상대에게 주문을 걸어야 한다. '카메라를 봐라. 봐라. 봐라…' 그러면 신기하게도 카메라와 눈을 마주친다. 이 사진만 해도 앞뒤에 20장 정도가 더 있다. 내 마음대로 첫 컷은 몰래 찍고 주문을 걸었더니, 청년이 카메라를 향해 씨익 웃어주었다. 못 믿겠는가? 직접 실험해보시라.

TOUR
or One Way Trip
TOUR EIFFEL - CHAMPS-ELYSEES
LOUVRE - MONTMARTRE
NOTRE-DAME - St-MICHEL
St-GERMAIN- ARC DE TRIOMPHE
OPERA - INVALIDES
Active

SAN MARINA
NOUVELLE COLLECTION
SAN MARINA
2015

9구는 '오페라 가르니에'와 '백화점들'로 설명이 된다. 특히 오페라 가르니에는 낮은 물론 밤에도 방문하기를 추천한다. 10구에는 센 강과 이어지는 한적한 '생 마르탱 운하'가 있다.

9/10

파사주를 걷다가 발견한 어느 헌책방.

주인장은 장사에는 관심이 없는 듯 꼼짝하지 않고 책에만 빠져 있다.

ODES
DOMINIQUE
UN ROI SANS DIVERTISSEMENT
A DESTINA
BUREAU
CHAMBRE

BOURJOIS
QUARTIER
D
DROUOT

Savinio

CIREUR

오페라 가르니에는 파리에서뿐 아니라 전 세계적으로 손꼽히는 건축물 중 하나다. 건축가인 샤를 가르니에의 이름을 딴 이곳은 19세기부터 현재까지 오페라 극장으로 쓰이고 있다. 가스통 르루의 『오페라의 유령』의 배경으로도 유명하다.

ONALE · DE · MUSIQUE
· POESIE LYRIQUE ·
RESTAURANT

S, HORAIRES ET E-BILLETS SUR CINEMASGAUMONTPATHE.COM
R L'APPLICATION MOBILE
les cinémas
GAUMONT PATHE!
Place de Clichy – Caulaincourt

많은 사람이 파리는 지저분할 거라고 생각한다. 하지만 거리는 생각보다 깨끗하다. 아침저녁으로 청소부들이 물청소를 하며 거리를 정돈하기 때문이다. 여기저기서 개똥이 밟힌다는 얘기도 이제 옛말이다.

P

센 강으로 합류되는 생 마르탱 운하. 과거 파리의 상수도를 공급하기 위해 설계된 운하라고 한다. 운하 주변은 주민들의 휴식 공간으로 남아 있다.

영국에서 왔다는 뮤지션을 운하 근처에서 만났다. 그는 저녁에 있을 공연 연습 중이라고 했다. 내가 기대하는 눈빛으로 바라보니 노래를 들려주었는데 실력은, 잘 모르겠다. 내가 애매한 표정을 짓자 아직 몸이 덜 풀렸는지 실력이 제대로 나오지 않는다며 멋쩍게 웃는다. 그는 공연을 잘 해냈을까.

그가 말했다.

"얼굴은 나오면 안 됩니다."

그럼요.

얼굴은 볼 필요가 없어요.

ROUGH TRADE

Étienn
ZONA
ANTIFA

파리 북역에서 마젠타 선으로 갈아타는 환승로에 피아노 한 대가 덩그러니 놓여 있다. 누구라도 연주할 수 있는 피아노다. 청년들이 장난기 가득한 눈빛으로 주변을 맴돌더니 그중 한 친구가 의자에 앉는다. 그리고 이어지는 연주. 또 다른 친구는 자연스럽게 노래를 부르기 시작했다.

GARE DE L'ES

UTAH
ETHER

주택가 밀집 지역인 11구와 베르시 공원과 뱅센느 숲이 있는 12구.
12구는 20개 구 중에서 면적이 가장 넓다.

11/12

누군가 신호를 보낸다. 단속원이 뜬 것이다. 임시로 상자를 쌓아놓고 야채장사를 하던 청년이 급히 자리를 뜬다. 그리고 몇 분 후, 아무 일도 없었던 것처럼 다시 그 자리에 나타나 상자를 내려놓는다.
"신선한 야채입니다. 싸게 드릴게요."

Promo

France
EPINARD
Champignon de Paris
Tomates
France
Antichaut
France
Concombre
Brocoli

rocolis
Haricot
à écosser
France cat. I
Tomates
en
Grappe
Kilo 2€
2,95
Mache
Fenouil
Kilo 2€
France cat. I
Haricot
vert
Kilo 2€
France cat. I
Tomates
Kilo 2€40
France cat. I
ourgette
Aubergine

곳곳에 망가진 인형이 가득하다. 그는 평생 인형을 수선해온 인형 수선 장인이다. 지금은 찾는 이가 많이 줄었지만, 그는 죽는 날까지 인형을 수선할 생각이라고 했다.

Principauté de Monaco
MUSÉE NATIONAL
Collection de Galéa
SINGER

République
700 ANS ET TOUTES SES DENTS !
LE BAL DES
LE MUSICAL
SHELTERS PUB
BUFFET
A
VOLONTÉ
GUINNESS

11구 시청 앞 광장에서 잠시 쉬던 때였다. 소란스러운 소리가 들리더니 모로코인 신랑 신부가 나타났다. 시청에서 결혼식을 올리기 위해 온 것이다. 두 사람을 찍고 싶었다. 어떻게 할까 잠시 고민하다가 사진사인 척하며 사진을 찍기 시작했다. 그러면서 자연스럽게 그들을 따라 시청 안까지 들어갔다. 당당하게 찍어서인지 신랑 신부조차 나를 사진사로 아는 것 같았다.

11e Arrt
RUE
DE
CHARONNE

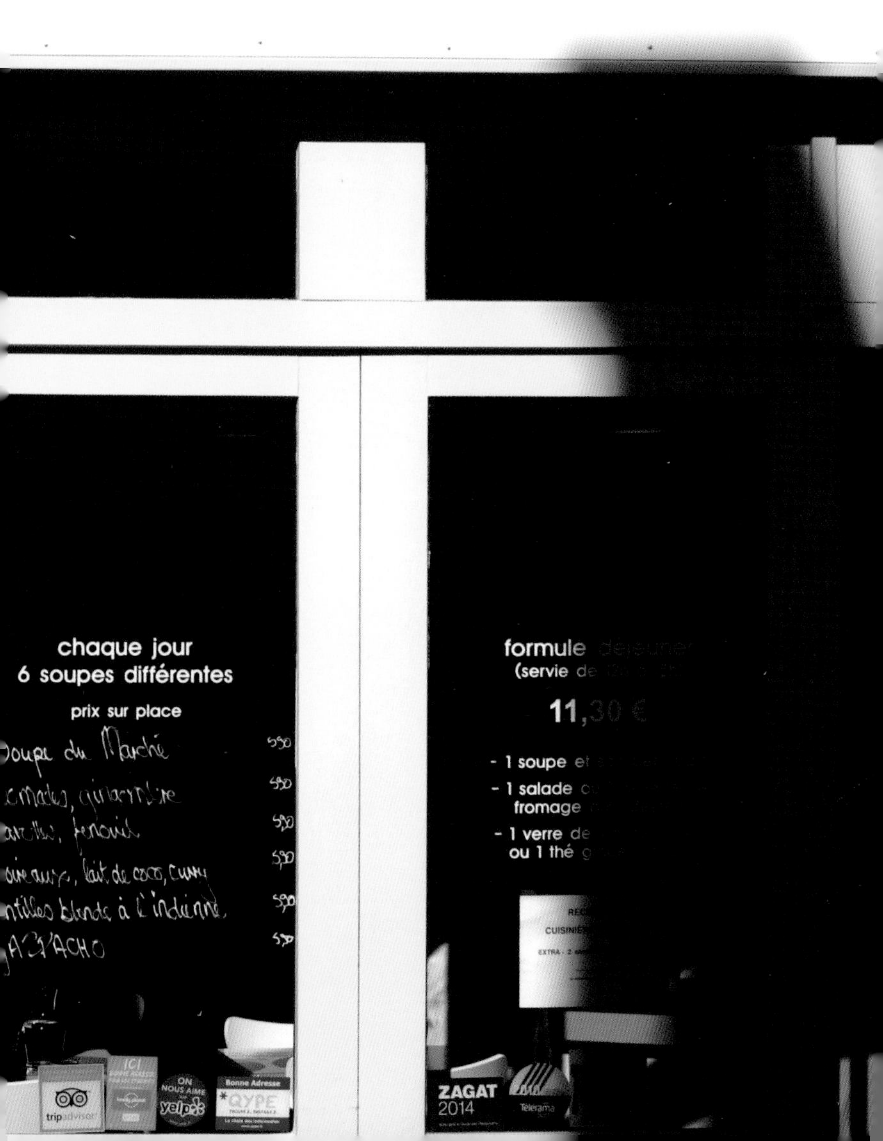
bar à soupe
chaque jour
6 soupes différentes
prix sur place
5,90
5,90
5,90
5,90
5,90
5,90
formule
(servie de
11,
- 1 soupe
- 1 salade
fromage
- 1 verre de
ou 1 thé
tripadvisor
ON NOUS AIME
yelp
Bonne Adresse
QYPE
ZAGAT
2014
Télérama

FRONT
NATIONAL

SODASOUND PARTY
LE VENDREDI 3 OCTOBRE 2014
À LA BELLEVILLOISE
PERMANENT
VACATION
CHATEAU
MARMONT
JULIEN VILLA
COSMO VITELLI
MARIUS & CESAR
LE MELLOTRON

SYMA
"Communiquez les
yeux fermes"
FORFAIT
4,90€
4H
SMS
200
3G+
200Mo
illimité

1789

파리의 교통수단 중 하나인 트램Tram은 지상으로 다니는 열차다. 노선도에 Ⓣ라고 표기된 게 바로 트램이다. 파리 외곽으로 운행하는 터라 여행자들은 탈 일이 그다지 없지만, 한 번쯤 타보기를 권한다. 창밖으로 파리의 일상적인 풍경을 볼 수 있다.

323

베르시 공원 근처에 있는 베르시 빌라주Bercy Village에는 다양한 상점과 레스토랑이 즐비하다. 원래 이곳 건물은 프랑스 전역의 와인이 모이는 저장소이자 파리 곳곳으로 공급하던 지역이었다고 한다. 지금도 당시 건축물과 철길이 남아 있어 그 흔적을 볼 수 있다.

파리에서 꼭 찍고 싶었던 또 다른 사진은 바게트를 들고 있는 아이의 모습이었다. 아마도 떠오르는 사진이 있을 것이다. 윌리 로니스의 〈어린 파리지앵〉이라는 작품이다. 파리를 걷기 시작한 지 두 달째, 일정이 거의 끝나갈 무렵이었다. 한 소녀가 바게트를 품에 안고 찻길을 건넌다. 두 달간 기다렸던 바로 그 장면이다. 그러나 주변에는 차들로 가득했고, 서울에 돌아와 다시 사진을 보니 포토샵으로라도 배경을 지우고 싶은 심정이었다. 어쨌든 이 사진은 작정하고 찍은 사진이다.

CV-626-TB

COIFFURE
C0807
BG-295-SG
CB-420-H

13구와 14구는 무척 다르다. 차이나타운을 비롯해 아시아 음식과 물건을 파는 가게가 즐비한 13구에는 동양인들이 많다. 몽파르나스 지구라고도 불리는 14구는 예술가와 지식인들이 많이 모이던 곳이었다. 그 흔적은 몽파르나스 묘지에 남아 있다. 사르트르, 보들레르를 비롯해 프랑스의 예술가들이 이 묘지에 묻혀 있다.

13

14

출근길, 지하철역에서 주인을 따라나선 강아지를 만났다.

PLACE D'ITALIE
Sortie

AU BON PORT
POISSONNERIE
Au Bon Port
Tél : 01 - 45 - 83 - 70 - 7

13구는 중국인 이민자가 많은 동네로 차이나타운이 조성되어 있다. 원래 초창기의 파리 13구에는 베트남 사람이 많이 살았는데, 현재는 중국인이 많다고 한다. 낮 시간, 태극권을 보여주는 어느 중국인 고수를 만났다.

احبك ياشعب
G2

H&M

METRO
reau de Poste
PARIS PLAISANCE
180, Rue R. Losserand
HAL ST JOSEPH
185, Rue R. Losserand
Tél: 01 45 39 930
pariscope

34

몽파르나스 묘지에 있는 장 폴 사르트르와 시몬 드 보부아르의 합장묘다. 그들을 사랑하는 전 세계의 팬들이 입술자국을 남기고 갔다. 몽파르나스 묘지에는 보들레르, 뒤라스, 베케트 등 유명 작가들의 묘가 있다.

Jean Paul SARTRE
1905 - 1980
Simone DE BEAUVOIR
1908 - 1986
CAHEN

COCQUELET

우리는 국적, 인종을 떠나
무언가에 의지하며 살아가야 하는 존재다.

MOUTON-DUVERNET

파리지앵이 싫어하는 건물이자, 여행자들의 필수 코스인 몽파르나스 타워가 15구에 있다. 15구는 한국인이 많이 모여 사는 지역이기도 하다. 16구에는 파리의 최고 부자들이 사는데, 그에 걸맞게 고급 레스토랑과 상점이 모여 있다. 에펠탑을 배경으로 기념사진을 찍기 좋은 사요 궁전과 트로카데로 정원도 16구에 있다.

15/16

TAXI
PARISIEN

panimatic
Pains
Viennoiseries
Pâtisseries
Sandwiches
Au Plaisir du Pain

몽파르나스 타워. 59층, 209미터인 이 건물이 지어졌을 때 파리 사람들은 입을 모아 욕했다고 한다. 가장 '파리답지 않은' 건물이라는 이유에서다. 그럴 만한 것이 파리 곳곳에서 이 빌딩이 보여 파리의 풍경을 즐기는 데에 방해가 되기도 한다. 하지만 당신이 여행자라면 이곳 전망대에 꼭 가보기를 추천한다. 입장료가 25유로나 되지만, 아깝다는 생각이 들지 않는다. 시간대는 오후 5~7시 사이를 택하는 것이 좋다. 밝을 때 들어가서 어두워질 때까지 기다리면 파리의 모든 것을 한눈에 볼 수 있다. 이곳은 에펠탑 전망대에 비해 장점도 있다. 몽파르나스 전망대에서는, 에펠탑이 보인다!

C&A

Restaurant
Au Bordj du XVème
SO 쏘맥 MEC
RESTAURANT BARBECUE CORÉEN
SOMEC 쏘맥
RESTAURANT BARBECUE CORÉ
01 47 34 08 35

DG-955-JA

MODERNISATION DU RESEAU

PAPA CONFISERIE

16e Arrt
AVENUE
VICTOR HUGO
(1802 - 1885)
ECRIVAIN, POETE
T HOMME POLITIQUE
Every
Art
We

영화감독 프랑수아 트뤼포, 에릭 로메르 등이 사랑한 17구는 혼재된 구역이다. 서쪽은 오스만풍의 건축이 즐비한 부촌인 반면 북동쪽은 서민들의 공간이다. 18구에는 세계적인 관광지 몽마르트르가 있다. 물랭루주와 사크레쾨르 대성당은 사람들로 늘 붐빈다.

17/18

ACHAT
ACHAT

점심을 먹으러 가던 노동자가 멀리서 나를 보더니 묻는다.

"나 어때요?"

나는 엄지를 들어 보이며 "최고예요"라고 답했다.

PIZZA
PANINI
METRO
PANINIS
CAFE
CUISINE
TRADITIONNELLE
LIQUEURS
CAPPUCCINO
BREAKFAST

LE SAVIEZ-VOUS ?
LA GARE FAIT SON CINÉMA
Construite par l'architecte Robert Fouquet, c'est une petite salle de 447 places qui prend ses quartiers dans le très cinéphile 18ème. Avec pas moins de 38 salles, dont le Gaumont Palace, le plus grand cinéma du monde, avec ses 6 000 places, le 18e est l'arrondissement emblématique du cinéma populaire. À l'époque, on va au cinéma à pied, c'est le temps des cinémas de quartier. Durant la seconde guerre mondiale, le Lumière reste ouvert mais des restrictions s'appliquent : une séance par personne et par jour.
CINÉMA
SAVIEZ-VOUS ?
ELDORADO
WARNER OLAND
BORIS KARLOFF
CHARLIE CHAN À L'OPÉRA

METRO
HOTEL

Maison de la Justice et du Droit
Paris Nord-Ouest
16,22 Rue Jacques Kellner

DARTY
SUBWAY

수많은 화가 중에서도 그는 남다르게 강렬했다. 그를 찍고 싶었다. 말이 통하지 않아 서로 손짓 발짓을 하다가 "오케이? 오케이!" 했는데, 갑자기 그가 나를 그리기 시작했다. '에잇, 모르겠다.' 그가 그림을 완성할 때까지 나도 그를 마음껏 찍었다. 얼마 후 그림이 완성되었고, 초상화를 내밀며 그는 150유로를 달라고 했다. 하지만 내 지갑에는 20유로밖에 없었다. 결국 그에게 전 재산을 주고는 초상화를 받았다. 화가는 씁쓸한 표정을 지으며 다른 모델을 찾아나섰다.

그가 그려준 초상화. 잘 그렸냐고요?
흠… 난해합니다.

MONTMARTRE
LEFEVRE-UTILE
LA DIAPHANE

Féerie
LE PLUS CELEBRE FRENCH CAN CAN DU MONDE
LES DORISS GIRLS

자살하겠다며 1시간 동안 난간에 매달려 있던 그는
결국 뛰어내리지 않았다.

Presse
POLICE
POLICE

Breakfast
Lunch
METROPOLITAIN

JCDecau
BMW i3 S
R AUTOLIB
Courant ?
Le Monde
Affaire Bygmalion : Sarkozy
directement menacé

생투앙은 파리 최대의 벼룩시장이다. 내가 가장 아끼는 벼룩시장이기도 하다. 생투앙 벼룩시장에 있는 헌책방에 들어가 기웃거리다가 엄청난 행운을 잡았다. 가장 좋아하는 사진작가인 으젠느 앗제의 한정판 사진집을 발견한 것이다. 앗제는 파리를 사랑한 사진가였다.

STANDS
42 - 32
53 - 62

이민자들과 젊은 예술가들이 많은 구역으로 치안이 좋지 않아 여행자들은 조심해야 한다.
그라피티로 가득한 벽을 자주 볼 수 있다.

19

20

UTETIA
ETIA

PARIS
HOTEL

LA GRANDE HALLE
FRANCE / PARIS
09 - 10
OCTOBRE
2014
7e édition - 10:00-20:00
Evénement professionnel
WWW.ARCHITECTATWORK.FR

Espoir
Bleu Gris Blanc
Naissance Espoir Calme
Eté Automne Hiver Printemps
Enfant Minuit Femme Adolescent
Froid Tempête Orage Froid
Lumière Midi
Noir Jour

Espoir
Bleu Blanc Gris
Espoir Naissance Calme
Eté Printemps Hiver Automne
Lumière Minuit Terre
Noir Jours Espoir
Sérénité
Blanc

전 세계가 모여 있는 20구.

Restaurant
Portes Ouvertes
Π

ASIATIQUE
MONTRE
5€

un monde qui bouge.

젊은 예술가들이 모여 있는 벨빌Belleville 거리의 벽은 그라피티 작품으로 빼곡하다. 그림 위에 그림을 덧그려 벽이 두꺼워졌을 정도다. 큰 길에서 조금 들어간 작은 골목에는 수많은 아틀리에가 숨어 있다.

LIBERE TES REVES
BLOCK
DIGIT5

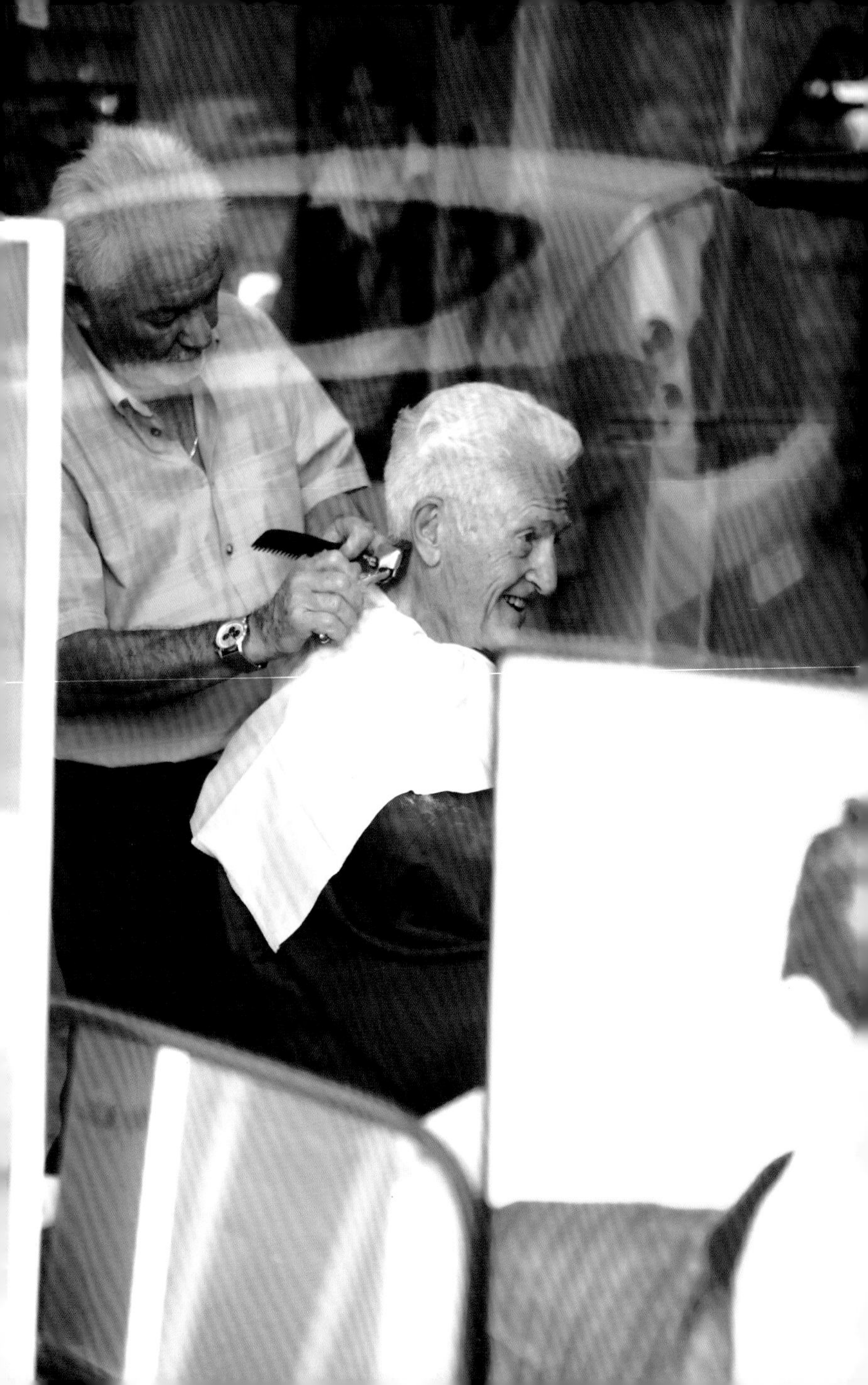

Cheque
Dejeuner

페르 라세즈 묘지에 있는 두 형제의 무덤이다. 발길을 돌리려 했지만 쉽지 않았다. 오랜 시간이 흘렀지만 그들은 누군가의 가슴속에 영원히 남아 있을 것이다. 두 형제는 1944년에 아우슈비츠에서 사망했다.

A la mémoire de
BENAZRA
1930 - 1944
BENAZRA
1931 - 1944
en déportation
AUSCHWITZ

Le Monde
WEEK•END
CULTURE & IDÉES
LES DERNIERS MOTS
SPORT & FORME
LE MYTHE DU RISQUE
ZÉRO EN FORMULE 1
Ecologie : les renoncements de Hollande
Modiano
dans
l'Histoire
Télérama
hors-série
PICASSO

Belleville

RESTAURANT

파리 근교

CAFE de la MAIRIE
BRASSERIE
CREPERIE
BRASSERIE DE LA MAIRIE

ACCES

2€
Tout à 3€ pièce
les 2 pour 5€
au choix
Soutien Gorge
Bonnet B C D E
Culotte - String - Boxer
RESTAURANT

SCULPTURES
BIJOUX
BRONZE

QUET VERT
VISITEURS

Epilogue

파리.

책을 마무리하고 교정지를 받아들었다.

이제 몇 가지만 마무리하면 이 책은 독자의 손에 들려 있을 것이다.

이 글을 당신이 읽고 있다면 이미 책이 나와 있을 테지.

묘한 긴장감이다. 내가 본 파리의 일상을 당신도 느낄 수 있을까.

파리의 모습이 머릿속에 그려질까.

INDEX

13구

14구

15구

16구

파리 근교

글과 사진
김진석

책임편집 김보희
디자인 황혜연
제작 이수진, 박규동

인쇄 중앙PNL
코팅 중앙기업사
제본 경원 문화사

–

Thanks to

이 책은 에스카르고 프로젝트의 후원자들이 있어 가능했습니다.
이관영,곽혁,김성연,김소현,오명선,송정은,장미정,
박현영,림재택,오혜련,김병택,김예명,최혜원, 김은주
그리고 파리 현지에서 도움을 주신 조미진, 부노아 부부에게
진심으로 감사드립니다.

사진작가 김진석.